地球神秘档案

地球的纪录

[瑞典]詹斯·汉斯加德 著
[瑞典]安德斯·尼伯格 绘
徐昕 译

北京理工大学出版社
BEIJING INSTITUTE OF TECHNOLOGY PRESS

图书在版编目 (CIP) 数据

地球神秘档案 . 地球的纪录 / (瑞典) 詹斯 · 汉斯加德著 ; (瑞典) 安德斯 · 尼伯格绘 ; 徐昕译 . — 北京 : 北京理工大学出版社 , 2021.7
ISBN 978-7-5682-9520-8

Ⅰ . ①地… Ⅱ . ①詹… ②安… ③徐… Ⅲ . ①地球 – 少儿读物 Ⅳ . ① P183-49

中国版本图书馆 CIP 数据核字 (2021) 第 021653 号

北京市版权局著作权合同登记号 图字：01-2020-5601

出版发行 / 北京理工大学出版社有限责任公司
社　　址 / 北京市海淀区中关村南大街 5 号
邮　　编 / 100081
电　　话 / (010)68914775(总编室)
　　　　　(010)68944515(童书出版中心)
网　　址 / http://www.bitpress.com.cn
经　　销 / 全国各地新华书店
印　　刷 / 雅迪云印 (天津) 科技有限公司
开　　本 / 880 毫米 ×1230 毫米 1/32
印　　张 / 1.5
字　　数 / 30 千字
审 图 号 / GS(2020)7276 号
版　　次 / 2021 年 7 月第 1 版　　2021 年 7 月第 1 次印刷
定　　价 / 25.00 元

责任编辑 / 李慧智
文案编辑 / 李慧智
责任校对 / 刘亚男
责任印制 / 王美丽
设计制作 / 庞　婕

亲爱的小读者，当你读到这本书里关于瑞典的小知识时，请你不要感到奇怪，因为这本书的作者来自美丽的北欧国家瑞典，他在向瑞典的小朋友介绍自己国家的极限纪录。

利图亚湾
亥伯龙神
死亡谷
大西洋
安赫尔瀑布
洛佩斯港
太平洋
钦博拉索
亚马孙河
皮特凯恩群岛
特里斯坦-达库尼亚

俄罗斯
梵蒂冈
太平洋
中国
东京
大塔穆
珠穆朗玛峰
香港
韩松洞
菲律宾
尼罗河
马里亚纳海沟
苏门答腊
印度尼西亚
东方站
南极洲
一号山脊

地球上最高的地方

地球上最高地方的纪录是珠穆朗玛峰，它有8 848.86米高*。但地球并不完全是圆的，地球的两极比较扁平，赤道则有点鼓出。这意味着位于厄瓜多尔的6 200米高的钦博拉索火山，其实要比珠穆朗玛峰更靠近外太空。

瑞典最高的山叫凯布讷山，高度为2 111米。

瑞典最高的建筑是马尔默的旋转大厦，高190米。

*2020年12月8日中国公布的珠穆朗玛峰最新高程为8 848.86米。

地球上最深的地方

地球最深的地方的纪录是太平洋的马里亚纳海沟。马里亚纳海沟位于海平面下11 034米的地方，也就是说，它有近11千米深！即使把珠穆朗玛峰倒过来也够不到马里亚纳海沟的底部。

2012年电影导演詹姆斯·卡梅隆乘坐“深海挑战号”潜水艇抵达了马里亚纳海沟的底部。不过他并不是最早抵达那里的人！1960年，一架深海潜水器造访了那里。潜水器上载着雅克·皮卡德，他是深海潜水器的发明者奥古斯特·皮卡德的儿子。奥古斯特是一位瑞士物理学家和发明家，据说是《丁丁历险记》里向日葵教授的原型。

地球上最大的海

太平洋覆盖了地球表面几乎1/3的面积。它从美洲延伸到澳大利亚再到亚洲。太平洋中有大约250 000个岛屿。环太平洋地区有一个火山带，在这个火山带上有452座火山！

地球上最长的河

非洲的尼罗河和南美洲的亚马孙河是地球上最长的河。可它们哪个更长呢？经测量，亚马孙河的长度在6 250千米至6 800千米，而人们测量出的尼罗河长度，在5 490千米至6 690千米。

这是怎么回事呢？

有时候，确切知道一条河流的源头本身就不是一件容易的事情，除此之外，雨季和干旱也会让河流一会儿变得长一会儿变得短。

地球上落差最大的瀑布

委内瑞拉的安赫尔瀑布，以其979米的落差，成为地球上落差最大的瀑布。它因为一个叫吉米·安赫尔的美国飞行员而得名，这个飞行员在委内瑞拉上空来来回回地飞，想要找到金矿。1937年，吉米的飞机遇到了故障，他不得不在瀑布附近迫降，后来这个瀑布便以他的名字命名了。

瑞典落差最大的瀑布是纽普撒克瀑布，它位于瑞典达拉纳省，落差为125米。

委内瑞拉的原住民是佩蒙人，在他们的语言里，这个瀑布叫作Kerepakupai Vená，意思是“落差最大的瀑布”。

地球上最大的沙漠

撒哈拉是地球上最大的沙漠。“撒哈拉”这个名字来自阿拉伯语，意思就是沙漠。撒哈拉沙漠覆盖着非洲大约1/3的面积。

早在14世纪，摩洛哥探险家伊本·巴图塔就对撒哈拉沙漠展开了探索。

随着时间的推移，撒哈拉沙漠的面积一直在变化。从1980年至1990年，它向南“生长”了130千米。而在那之后，一些地方的植被面积似乎有所扩大，这意味着沙漠缩小了。

有些科学家认为，温室效应将使撒哈拉沙漠的降雨大大增加。因此他们认为，再过15 000年，撒哈拉沙漠将完全变绿。

地球上最冷的地方

地球上最低的气温是1983年在南极洲的苏联科考站东方站测量到的，是零下89.2℃。

在实验室里，现代科学家能够获得低得多的温度，接近零下273℃！

瑞典的绝对寒冷纪录是零下52.6℃。这么冷的天气出现在1966年拉普兰省的弗加肖尔姆。

地球上最热的地方

美国加利福尼亚州的死亡谷是人们测得地球上气温最高的地方：有56.7℃！但即便白天很热，到了夜里这里却可以变成零下的温度。

瑞典最高气温是1947年6月在斯莫兰省的莫里拉测得的，当时的温度为38℃。

地球上雨水最多的地方

哥伦比亚的渔村洛佩斯港是地球上雨水最多的地方，20世纪80年代有段时间那里每天都下雨，而且一下就是两年！

雪是冬天下的雨。史上最大的一片雪花于1887年落在美国的蒙大拿州。它的直径为30厘米，差不多跟一张比萨饼一样大。

蒙大拿州 1887

地球上最干旱的地方

地球上最干旱的地方位于南极洲。那里有一片叫作“一号山脊”的高原，它其实比撒哈拉沙漠还要干旱！

干燥的空气、寒冷的气候以及极为强劲的风让南极洲成为地球上最像火星的地方。因此宇航员们会在南极洲上进行训练，空间科学家喜欢在那里测试他们的火星机器人。

现在我知道这座岛该叫什么名字了!

地球上距大陆最遥远的岛

特里斯坦-达库尼亚是世界上有人居住的最偏僻的岛。它距离最近的大陆有2 800千米。只有272人住在这座火山岛上。他们最近的邻居住在圣海伦娜岛上，距离他们2 000千米远。这个距离比从瑞典斯德哥尔摩到意大利罗马的距离还要远！

特里斯坦-达库尼亚岛上没有飞机场，所以要去那里人们必须乘船。

这座岛于1506年被葡萄牙探险家特里斯坦·达·库尼亚发现，他充满想象力地用自己的名字给这座岛取了名字。

我是中国人。
我也是。
中国人
我也一样。
中国人
挪威人！哈不，我是开玩笑的，我是中国人。
中国人
是的，我也是中国人。
中国人

地球上人口最多和最少的国家

中国是拥有居民最多的国家：有14亿人住在这里，占地球上所有人口的1/5。

居民数量最少的国家是皮特凯恩群岛，有56（2018年55人）个居民。这些岛民是南太平洋岛民以及1789年在这些群岛上定居下来的英国海员的后裔。

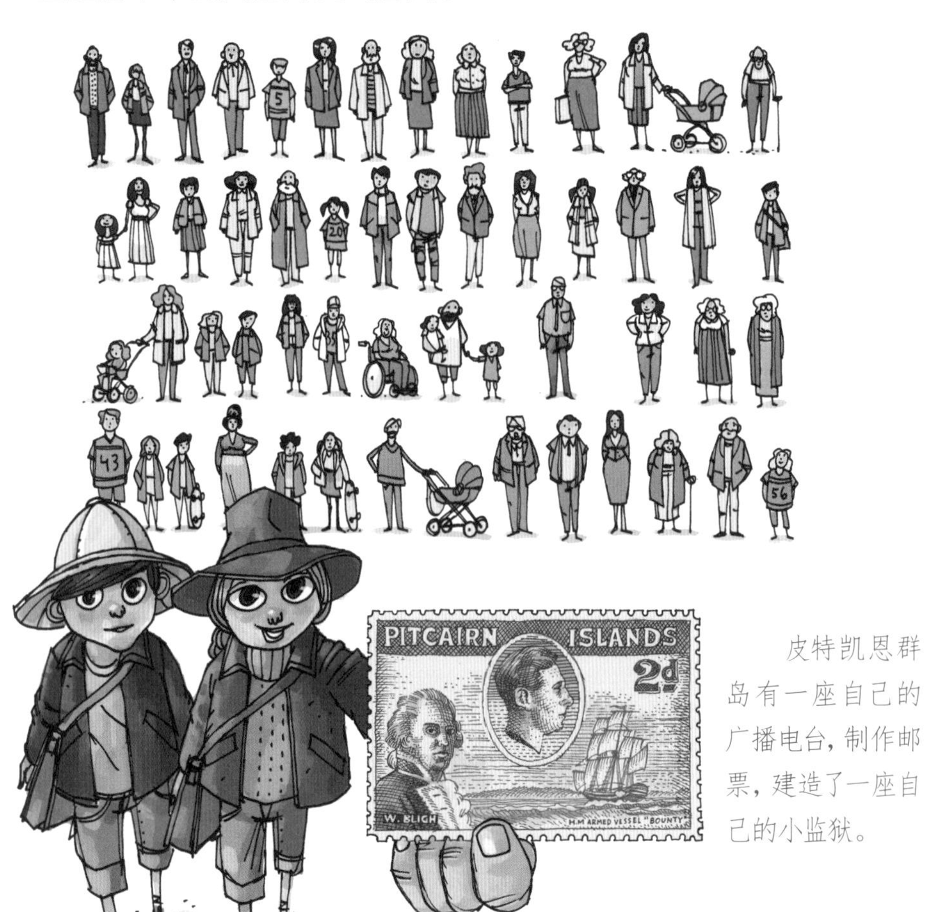

皮特凯恩群岛有一座自己的广播电台，制作邮票，建造了一座自己的小监狱。

地球上最大和最小的国家

俄罗斯是地球上最大的国家。

它覆盖了地球上超过1/10的陆地。

世界上最小的国家是梵蒂冈，它位于意大利首都罗马城里。梵蒂冈有900个居民，面积比一块高尔夫球场还要小！

梵蒂冈拥有世界上最小的军队——瑞士卫队，它由大约100名士兵组成。

附注：书中地图系原文插附地图。

地球上人口最稠密的城市

我们可以用很多不同的方式来衡量城市的人口。但如果从整个大都市范围来看的话，日本首都东京是世界上人口最稠密的城市，那里住着近3 700万人。

地球上人口最密集的地区

你喜欢被推来挤去吗？如果喜欢的话，那你应该会爱上香港的旺角区。那里每平方千米住着13万人。或者这么说，一块足球场大小的区域里，住着大约1 000人！

地球上最大的山洞

越南有一个叫韩松洞的山洞。它的长度大约有10千米。这个山洞面积之大，大到里面容纳了一片自己的丛林和一条自己的河流。

在韩松洞的某些地方，可以容纳得下一栋40层高的楼！

地球上最高的树

如果你是一只松鼠的话，你应该会喜欢美国的加利福尼亚州。这里有地球上最高的树，一棵名叫亥伯龙神的红杉树。它有115米多高，比纽约的自由女神像还要高！

加利福尼亚州还有地球上最大的树。那是一棵巨大的北美红杉，树干的周长有31米。

地球上最大的生物体是一个生长在美国俄勒冈州的蘑菇。这个蘑菇长在地下，是蜜环菌的一种。它有1 400个足球场那么大！

地球上最臭的植物

苏门答腊岛热带雨林中的巨魔芋（又称尸花）据说是世界上最臭的植物。它闻起来就像腐烂的肉一样，几百米外都可以闻到臭味。巨魔芋是一种肉食植物，它的气味会把各种它想吃掉的昆虫吸引过来。

地球上活得最久的动物

地球的年龄是45.4亿岁。

我们人类的寿命很少能超过100岁。

动物的寿命很少能比得上格陵兰鲸，它们已知的寿命可以达到200岁。有科学家在格陵兰鲸的身上发现了19世纪的鱼叉。

人类的寿命大约跟新西兰大蜥蜴差不多。老鼠的平均寿命是3岁。蜜蜂只能活4到5周，而可怜的蜉蝣只能活到24小时。

不过格陵兰鲸压根儿没法跟海草比。科学家们在地中海里发现了一种海草，研究认为它们已经活了足有20万年了！

地球上最常见的动物

没有人确切知道，地球上到底有多少种生物。不过最常见的动物是一种我们不常看见的动物，它就是蛔虫，也叫线虫。这种虫子从几毫米到1米长短不一，它们住在河湖里、陆地上，以及几乎所有动物的身上。地球上4/5的动物都是蛔虫！

人们估计，地球上大约有40 000 000 000 000 000 000 000 000条蛔虫！

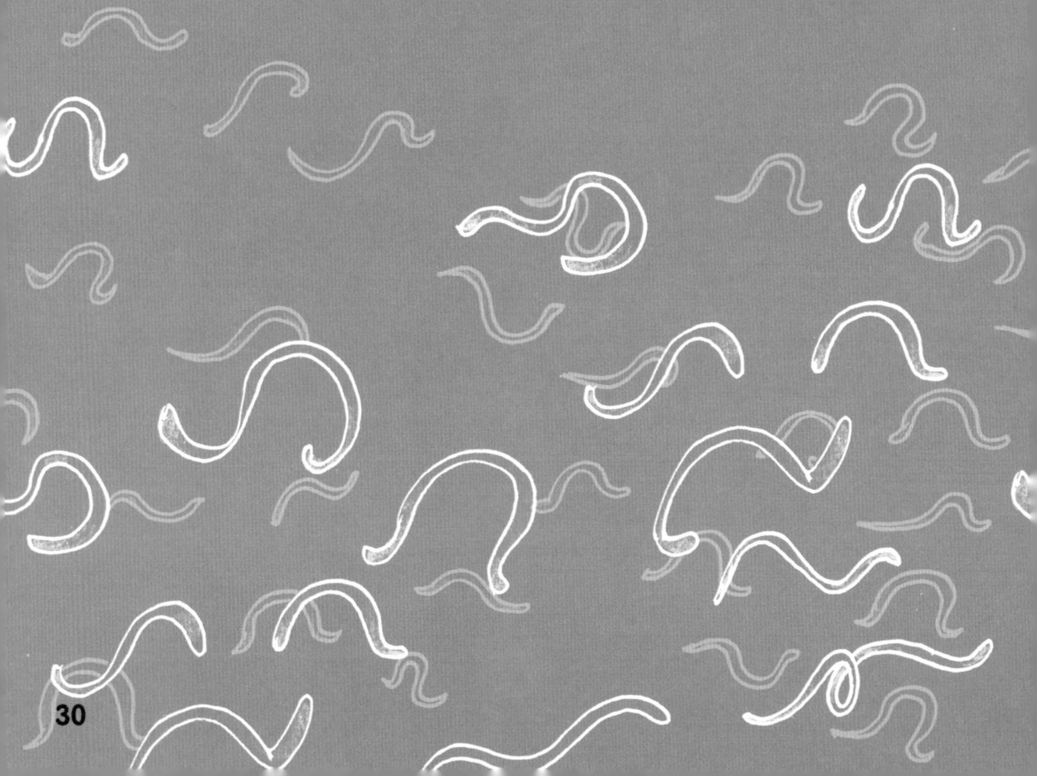

地球上最濒危的动物

远东豹生活在俄罗斯东南部多山的森林中。科学家们认为，野外生存的远东豹只剩下大约30头了。

远东豹最大的敌人是人类。人们捕猎远东豹，为了获得它们美丽的皮毛及骨骼——在一些亚洲传统药物中，它们的骨骼是昂贵的药材。此外人们还砍伐它们赖以生存的森林，使远东豹和它们捕食的猎物的活动空间变得越来越小。

如果你愿意，可以在瑞典看到远东豹。2012年，在布胡斯省的“北欧方舟”动物园诞生了第一头远东豹。

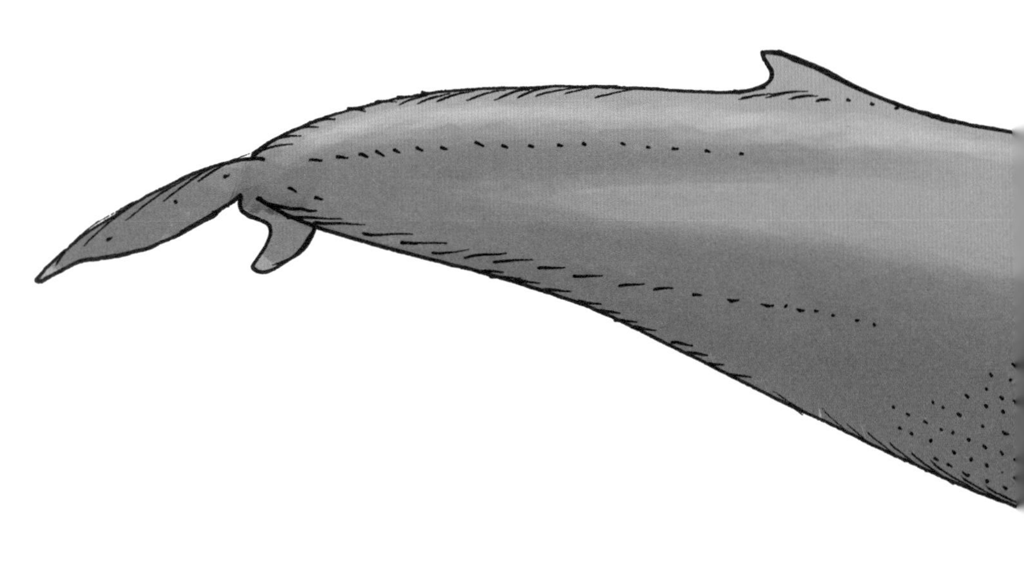

地球上最大的动物

蓝鲸是从古至今在地球上生活的最大的动物。它甚至比最大的恐龙还要大。人们所见过的最大一头蓝鲸有33米长。尽管它们如此巨大，它们的食物却是地球上最小的动物之一，那是一种叫作磷虾的虾。蓝鲸每天要吃大约5吨重的磷虾——这分量跟一头大象的体重差不多！

蓝鲸头顶的呼吸孔很大，大到一个小宝宝可以爬进去。蓝鲸的舌头就像一头大象那么大。你拉上几百个朋友，蓝鲸的嘴可以把你们全都吞下。

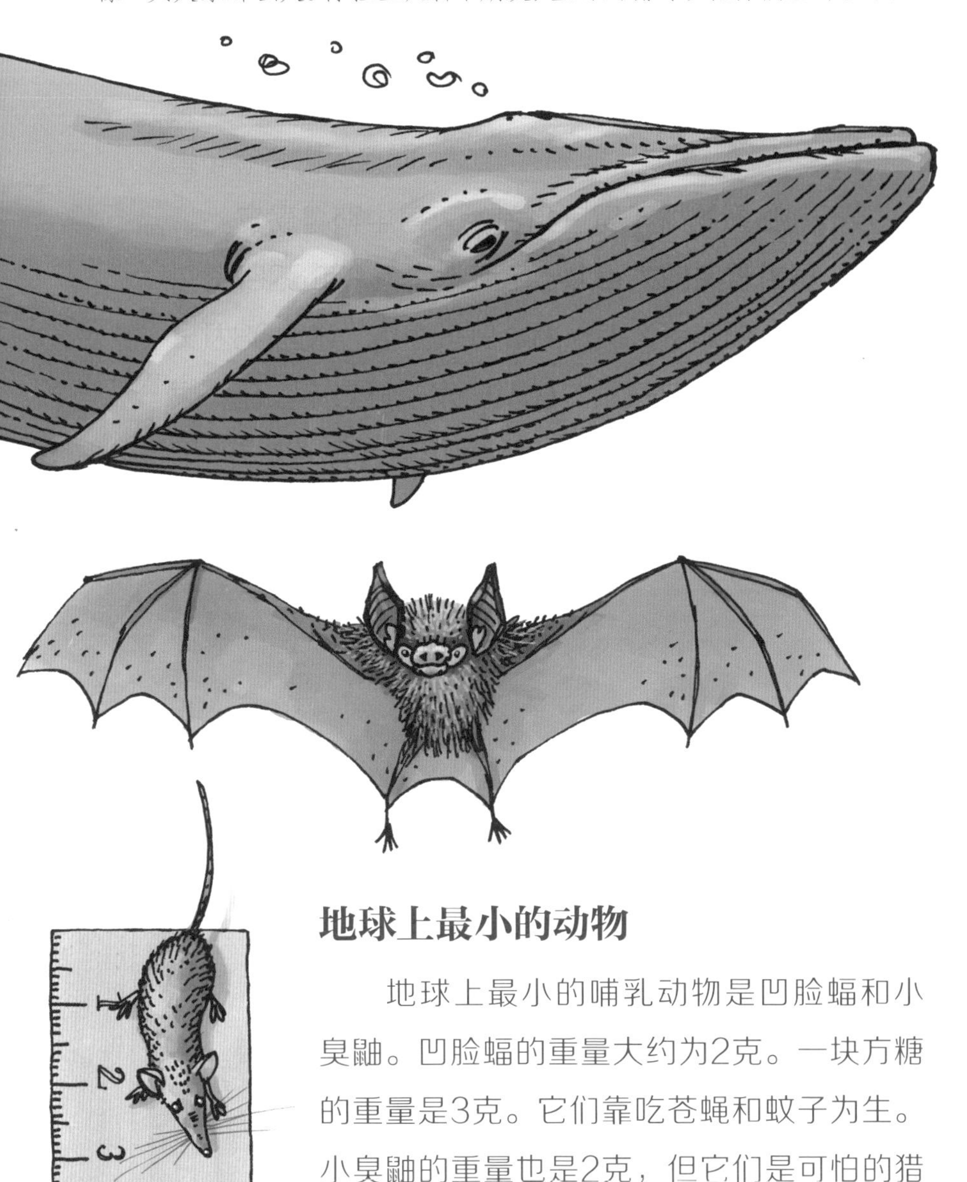

地球上最小的动物

地球上最小的哺乳动物是凹脸蝠和小臭鼩。凹脸蝠的重量大约为2克。一块方糖的重量是3克。它们靠吃苍蝇和蚊子为生。小臭鼩的重量也是2克，但它们是可怕的猎人。它们捕食蜘蛛和蟑螂。

地球上速度最快的动物

猎豹是陆地上跑得最快的动物。它们的速度最快可以达到每小时113千米！也就是说，跟高速公路上行驶的小汽车一样快。不过它们不会爬树。猎豹也不会吼叫，它们只会轻声地哼哼，发出的声音就像鸟儿的叫声。

但是在空中，游隼的速度更快。想象一下，你能用每小时389.46千米的速度去追赶别人！游隼以这么快的速度俯冲向它们的猎物。

不过很多人认为，说游隼是飞得最快的鸟有失公正，因为这是它们速降的速度。有一种尖尾雨燕通过拍打翅膀，平时的时速可以达到每小时170千米，最快时可达352.5千米/小时。

地球上毒性最强的动物

地球上毒性最强的动物是方水母。

方水母有长达一米的触手，它们的毒性可以在3分钟之内杀死一个人，是地球上所有有毒物质中最强的！在最近60年里有成千上万的人被方水母毒死。这种毒让人非常痛苦，会导致中毒的人心脏病发作。但如果你有醋的话，可以把它擦在伤口上，也许就能活下来。

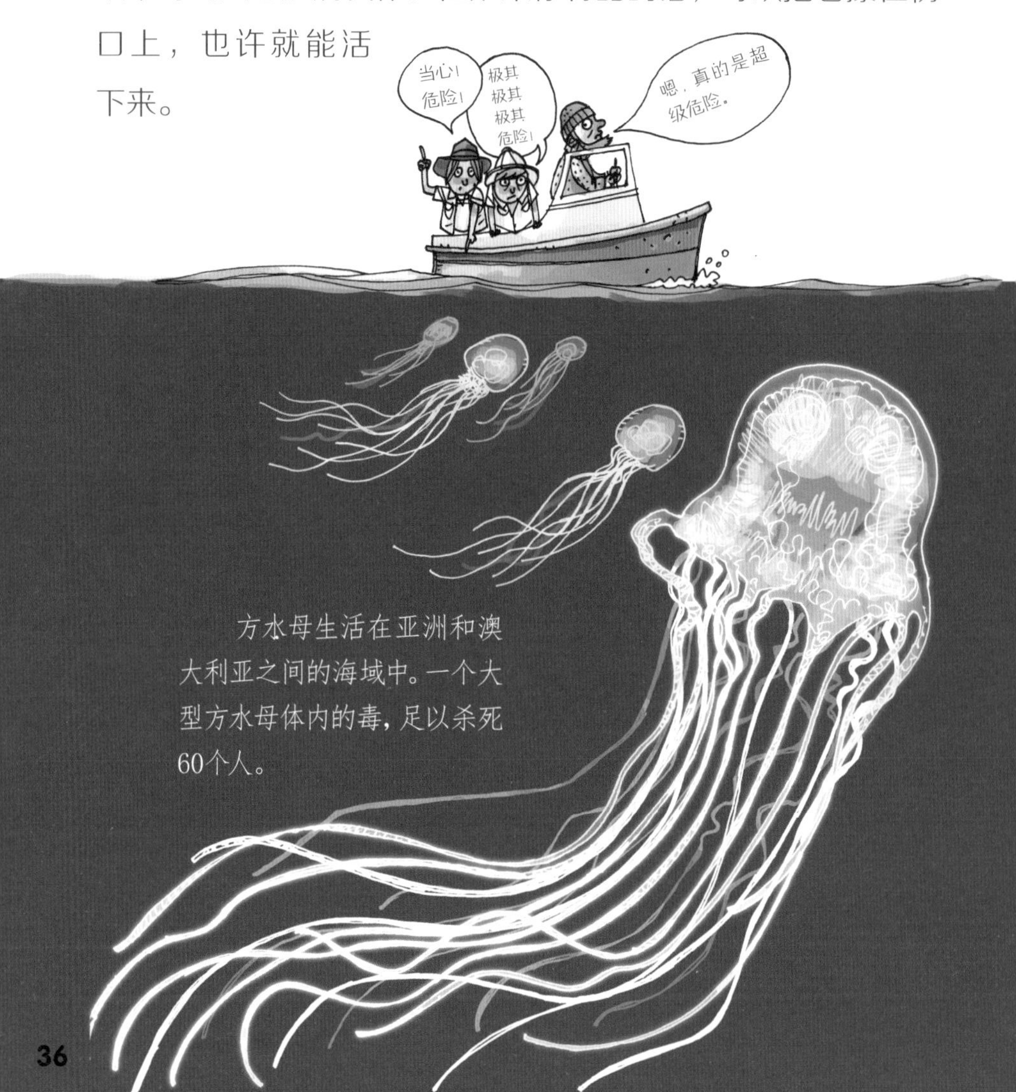

方水母生活在亚洲和澳大利亚之间的海域中。一个大型方水母体内的毒，足以杀死60个人。

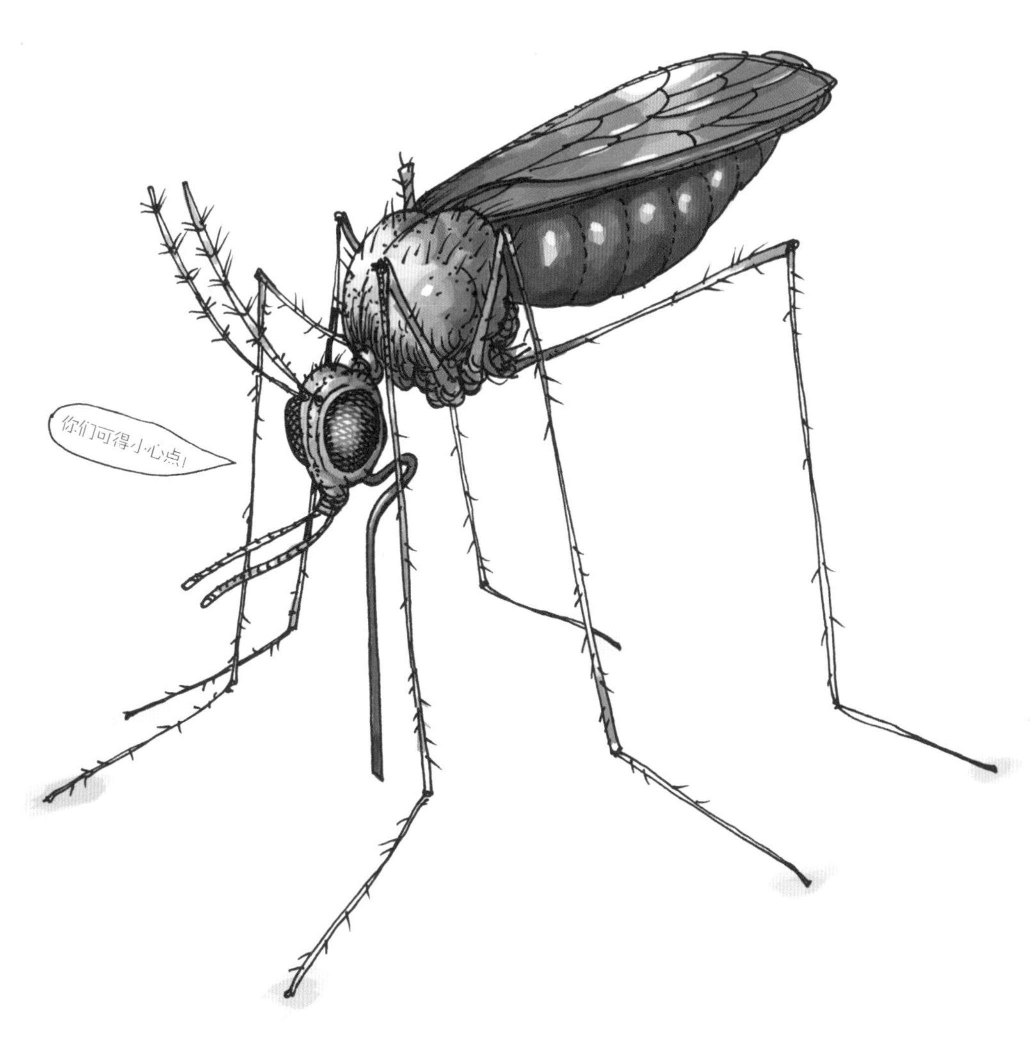

地球上最危险的动物

一说到地球上最危险的动物，有人可能立刻会想到鳄鱼、老虎和巨型鱿鱼。不过地球上最危险的动物其实比它们要小得多。蚊子向人类传播疾病。它们每年通过这种方式杀死200万~300万人。

地球上最有力的牙齿

没有什么动物咬起人来比咸水鳄（学名湾鳄）更厉害。它们牙齿的力度是狮子的5倍。根据有些科学家的说法，咸水鳄的牙齿可以与霸王龙相提并论。不过咸水鳄用来打开上颚的肌肉并不是那么有力。一个成年人可以毫不费劲地用手捏住咸水鳄的嘴，但是要当心它们的尾巴！

地球上最软的动物

龙猫是生活在南美洲安第斯山脉的一种小型啮齿类动物。它们有着地球上最柔软的皮毛。龙猫身上的每一个毛囊都长着多达70根极薄极细的毛发，它们一起构成了厚厚的超级柔顺的皮毛。人类的每个毛囊都只有一根毛发。

地球上最大的火山

在日本以东的太平洋海底，科学家们发现了世界上最大的火山。它叫大塔穆火山，几乎跟太阳系里最大的火山——火星上的奥林匹斯山—— 一样宽广。

大塔穆火山所覆盖的面积几乎跟挪威一样大！

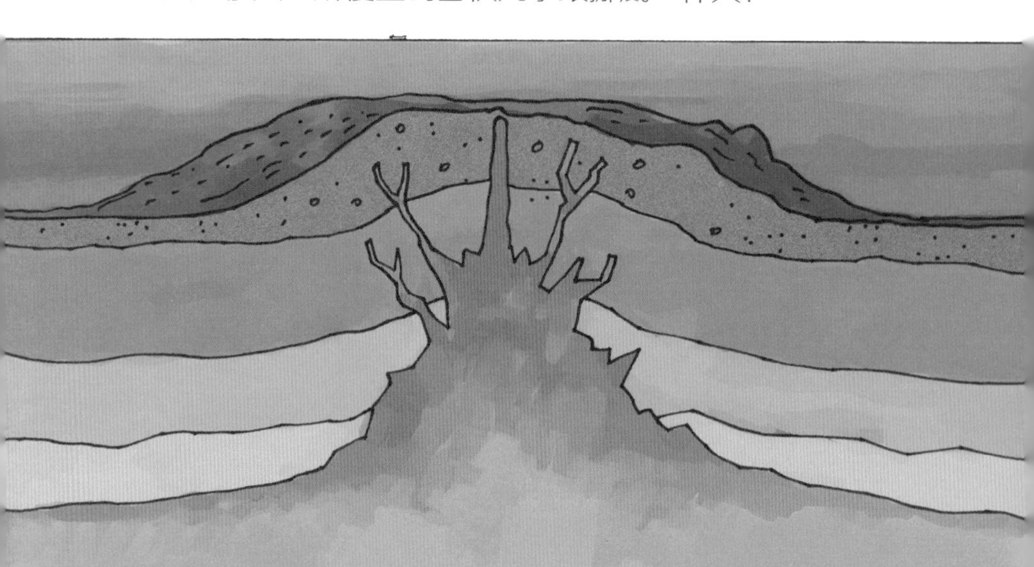

大塔穆火山的山顶位于海平面以下2 000米的地方。科学家们认为它不会喷发，但也不完全确定。他们怀疑可能还有更多类似的火山存在。

火山是在岩浆——就是炽热到流动的石头——穿透地壳的时候形成的。瑞典没有活跃的火山，但是在斯科讷省，有数百个古老的、不活跃的火山。

据说地球上最猛烈的火山喷发发生于74 000年前的印度尼西亚。人们猜测，那次喷发产生的厚厚的火山灰笼罩了地球，使得地球经历了十年的冬季。在那次火山喷发造成的寒冬里，地球上超过一半的人都死了。

地球上最大的浪

史上最大的浪出现在1958年美国阿拉斯加州的利图亚湾。巨浪有524米高，是地震后大量石块冲进水里引起的。人们通过测量附近一座山上树木被大水折断的高度，才计算出这浪有多高。

猛烈的巨浪有时候被称为海啸。它们通常是在地震或海底火山喷发后出现。海啸的速度可达每小时800千米以上，比飞机还要快。

地球上最强烈的风暴

当风速达到每小时90至100千米时，我们通常称之为风暴。风速每小时120千米及以上的叫作飓风。

人们在陆地上测量到的最强烈的风暴是2013年袭击菲律宾的台风海燕。在这次台风中测量到的风速为每小时315千米。

地球上最倒霉（或者说最幸运）的人

弗拉讷·塞拉克（Frane Selak）是克罗地亚的一名音乐教师。他可能是世界上最倒霉又是最幸运的人。1962年他乘坐的火车出轨并坠入河中。一年后他坐飞机，机舱门因故打开了，赛拉克被吸了出去，掉到一个干草垛上，只是摔断了一条胳膊！1970年他的汽车发生爆炸，他幸免于难。3年后，同样的事情又在他身上发生了一遍。1995年他被一辆大客车撞倒，2000年他的小汽车被一辆卡车撞上。

而2001年，他买彩票中了100万美元！

作弊！你踮脚了！
我自己的纪录
纪录1
纪录2
纪录3
纪录4
纪录5
纪录6
纪录7
纪录8
纪录9
纪录10

利图亚湾
亥伯龙神
死亡谷
大西洋
安赫尔瀑布
洛佩斯港
太平洋
钦博拉索
亚马孙河
皮特凯恩群岛
特里斯坦-达库尼亚

俄罗斯
中国
太平洋
东京
大塔穆
珠穆朗玛峰
香港
韩松洞
菲律宾
马里亚纳海沟
苏门答腊
印度尼西亚
南极洲
东方站
一号山脊